This book Belongs to

_____

_____

_____

To join our mailing list and see other titles available

Website: www.captaintimpublishing.com
Email: info@captaintimpublishing.com

Trace The number 1

one one one

Color the number

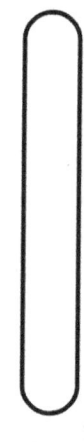

Circle the number

21	5	55	10	33
6	7	56	3	1
1	2	22	1	2
1	56	1	31	17

2 2 2 2 2

2 2 2 2 2

2 2 2 2 2 2 2 2 2 2

Two two two two

Color the number

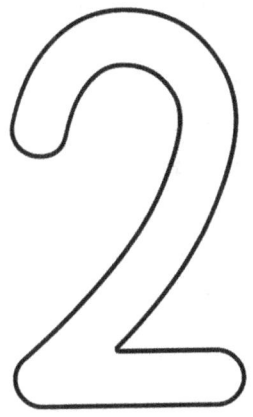

Circle the number

2	5	55	10	33
6	7	2	3	12
35	2	22	64	2
80	56	2	31	17

3 3 3 3 3

3 3 3 3 3

3 3 3 3 3 3 3 3 3

Three three

Color the number

Circle the number

15	34	3	77	0
3	79	56	2	1
20	34	3	50	17
3	62	6	2	3

Trace The number
4

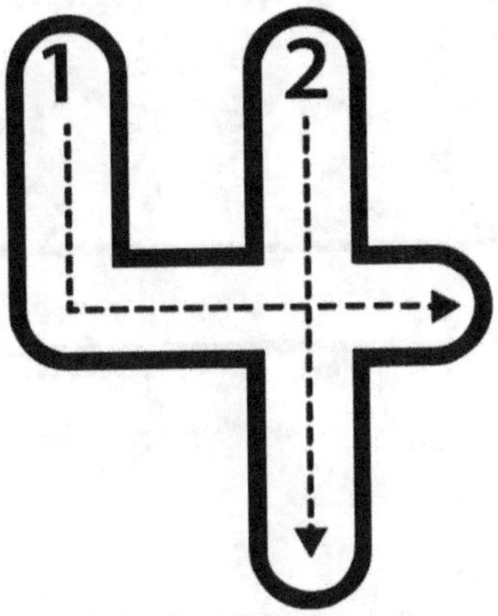

4 4 4 4 4 4

4 4 4 4 4 4

4 4 4 4 4 4 4 4 4 4 4 4

Four four four four

Color the number

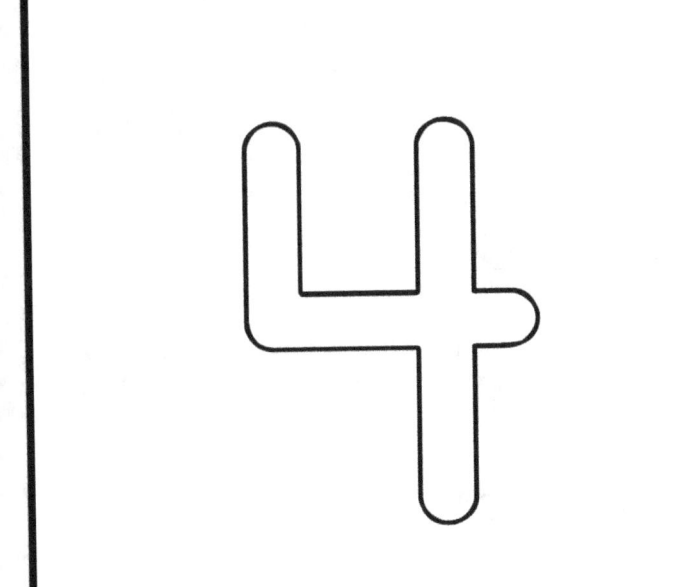

Circle the number

89	4	3	33	0
9	79	4	2	1
4	34	3	13	17
7	66	6	2	4

5 5 5 5 5

5 5 5 5 5

5 5 5 5 5 5 5 5 5 5

Five five five five

Color the number

Circle the number

44	5	3	33	0
5	32	5	2	8
4	10	5	37	17
41	0	6	5	4

6 6 6 6 6

6 6 6 6 6

6 6 6 6 6 6 6 6 6 6

Six six six six six

Color the number

Circle the number

44	6	3	6	0
q	32	5	3	8
6	62	5	37	17
54	2	6	5	4

7 7 7 7 7 7

7 7 7 7 7 7

7 7 7 7 7 7 7 7 7 7

Seven seven

Color the number

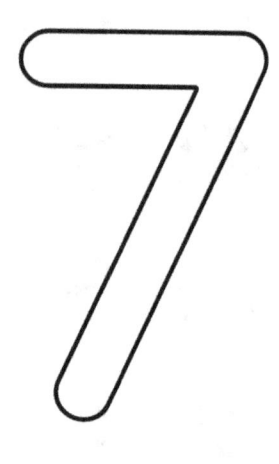

Circle the number

32	6	7	6	q
q	7	5	3	8
7	0	55	37	17
31	23	6	80	21

8 8 8 8 8

8 8 8 8 8

8 8 8 8 8 8 8 8 8 8

Eight eight

Color the number

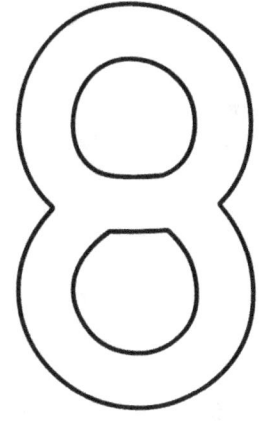

Circle the number

32	6	8	6	9
8	7	5	3	8
7	8	55	37	17
31	23	8	80	21

q 1 2

q q q q q

q q q q q

q q q q q q q q q q

Nine nine nine nine

Color the number

Circle the number

32	6	q	6	q
1	q	5	3	8
7	2	5	q	17
43	13	3	6q	21

Trace The number

10 10 10

10 10 10

10 10 10 10 10 10

Ten ten ten

Color the number

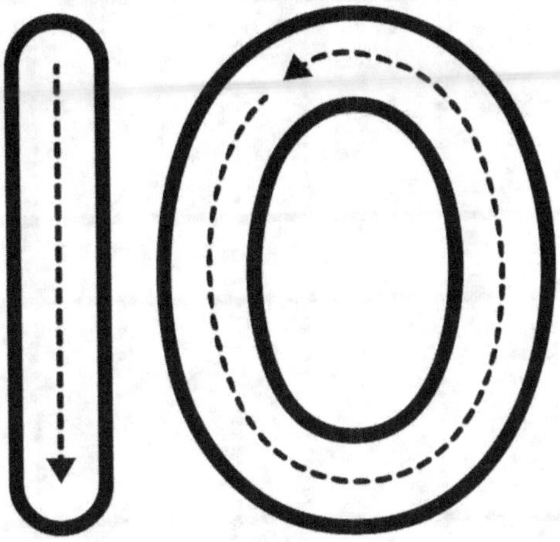

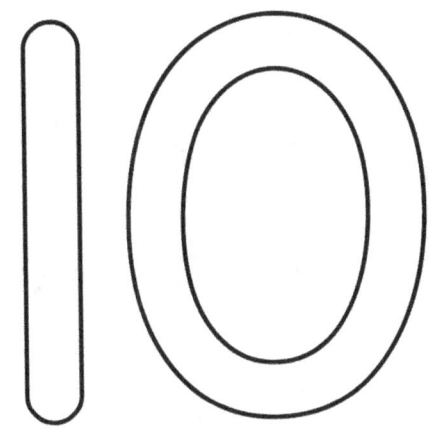

Circle the number

32	10	9	6	9
11	9	10	3	8
10	2	5	9	17
43	13	10	69	21

Trace The number 11

11

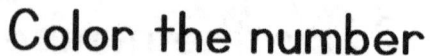

Eleven

Color the number

11

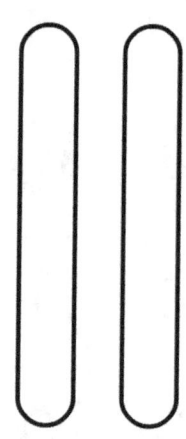

Circle the number

55	10	0	6	10
11	9	10	3	11
10	2	11	9	17
4	13	10	11	21

12

12 12 12

12 12 12

12 12 12 12 12 12 12

Twelve

Color the number

Circle the number

55	12	20	6	12
12	9	10	87	11
63	2	11	12	17
51	12	10	17	21

13

13 13 13

13 13 13

13 13 13 13 13 13

Thirteen

Color the number

Circle the number

54	12	20	13	16
12	13	10	87	13
13	45	21	12	13
15	87	10	13	21

Trace The number

14

14 14 14

14 14 14

14 14 14 14 14 14

Fourteen

Color the number

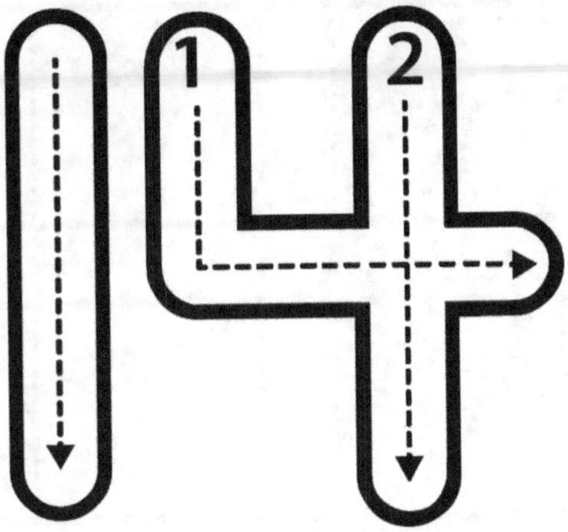

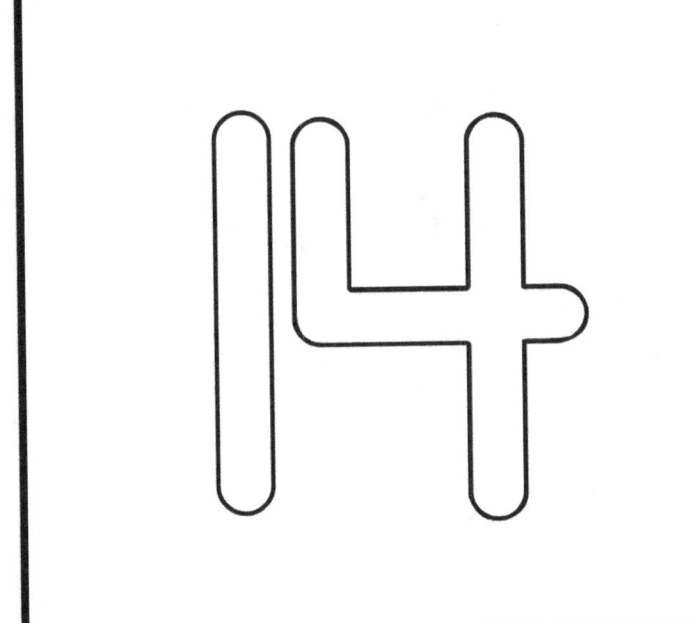

Circle the number

44	14	20	14	16
46	9	10	87	13
78	14	12	56	17
15	77	13	14	21

15 15 15 15

15 15 15 15

15 15 15 15 15 15 15

Fifteen

Color the number

Circle the number

15	14	20	14	16
14	77	10	87	10
83	55	15	16	23
15	90	17	15	61

16

16 16 16

16 16 16

16 16 16 16 16 16

Sixteen

Color the number

16

Circle the number

20	16	20	14	16
16	64	10	87	10
83	89	15	16	23
15	18	17	18	62

Trace The number

17

17 17 17

17 17 17

17 17 17 17 17 17

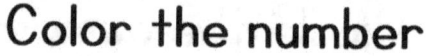

Seventeen

Color the number

17

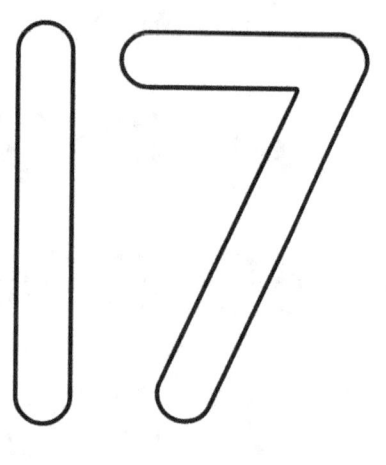

Circle the number

17	16	20	14	17
16	32	10	87	10
83	73	17	42	13
17	15	20	18	88

18 18 18 18
18 18 18
18 18 18 18 18 18

Eighteen

Color the number

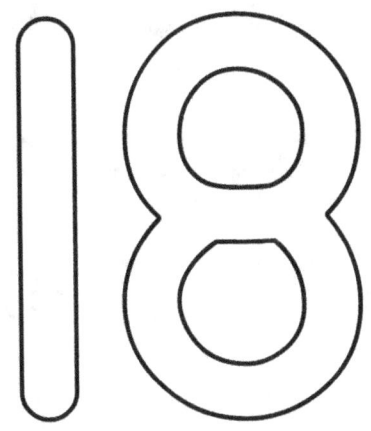

Circle the number

68	17	20	13	18
14	32	17	87	10
18	73	18	82	69
29	18	20	18	5

19 19 19 19

19 19 19 19

19 19 19 19 19 19

Nineteen

Color the number

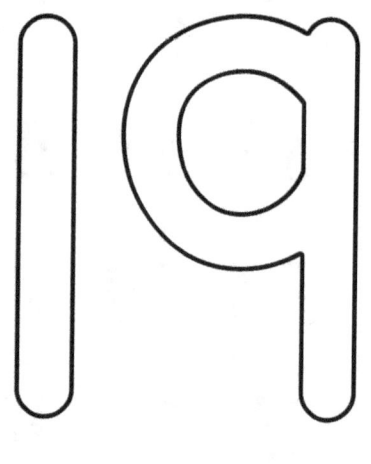

Circle the number

68	16	24	13	19
19	32	10	87	10
73	73	19	82	69
29	18	20	19	58

20  20 20 20

20 20 20

20 20 20 20

Twenty

Color the number

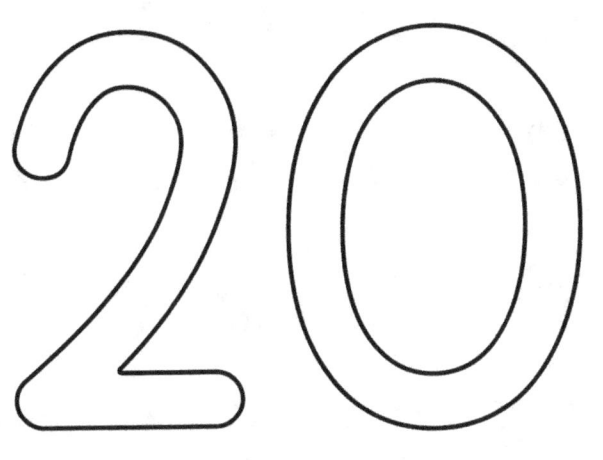

Circle the number

68	16	20	13	18
16	32	7	20	6
18	20	18	82	23
29	18	20	19	7

21

2 2 2 2

2 2 2 2

2 2 2 2 2 2 2 2

Twenty one

Color the number

Circle the number

68	21	20	12	18
21	32	10	21	78
18	21	18	0	69
29	73	21	4	80

2 2

2 2 2 2 2 2

2 2 2 2 2 2

2 2 2 2 2 2 2 2 2 2 2 2

Twenty two

Color the number

Circle the number

22 34 55 22 9

20 79 15 67 11

22 34 22 6 17

73 3 53 22 13

23 23 23

23 23 23

23 23 23 23 23

Twenty three

Color the number

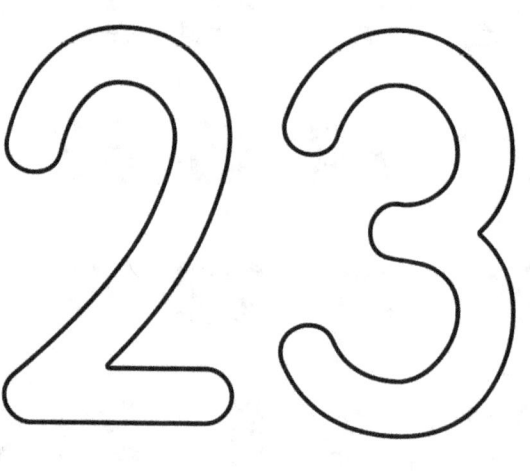

Circle the number

23	16	20	13	23
43	23	10	9	71
16	73	18	82	69
21	18	23	19	99

2 4

1 2

2424 24
2424 24

24 24 24 24

Twenty four

Color the number

Circle the number

68	25	4	24	18
11	32	24	87	15
18	24	2	5	60
62	18	22	19	24

25

25 25 25

25 25 25

25 25 25 25 25

Twenty five

Color the number

25

Circle the number

62	13	25	5	25
25	32	10	87	5
18	73	25	82	69
63	2	27	19	25

26 26 26

26 26 26

26 26 26 26 26

Twenty six

Color the number

26

Circle the number

68 16 26 26 9

26 32 10 87 10

18 44 26 1 0

29 18 22 4 35

Twenty seven

Color the number

Circle the number

90	27	20	13	52
27	32	10	87	19
18	27	18	8	27
72	18	20	19	60

28 28 28
28 28 28

28 28 28 28 28

Twenty eight

Color the number

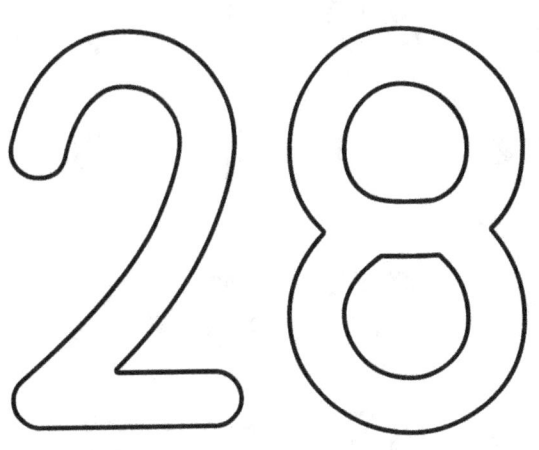

Circle the number

68	16	28	12	13
76	32	10	87	38
98	73	28	7	53
28	18	20	19	28

Twenty nine

Color the number

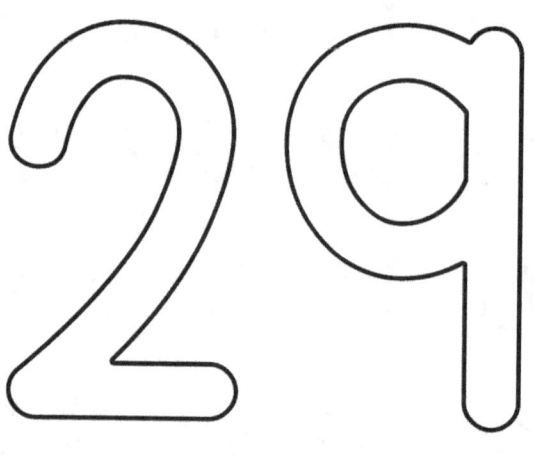

Circle the number

41	30	29	13	18
93	32	11	77	0
84	29	16	29	7
79	18	29	19	10

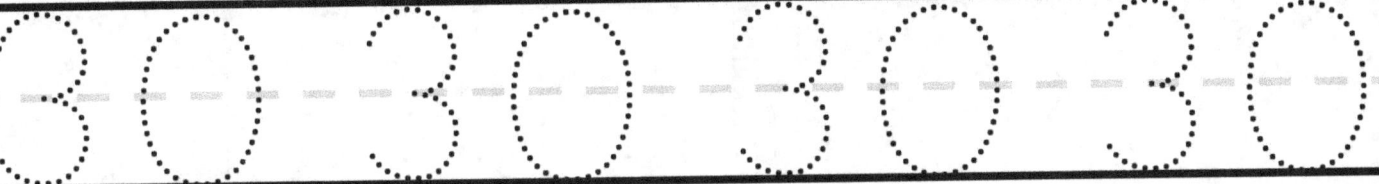

Thirty

Color the number

Circle the number

30	16	20	13	30
16	32	10	87	10
30	73	18	30	69
29	18	20	19	30

 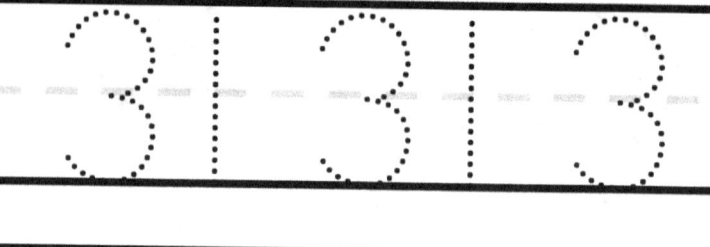

Thirty one

Color the number

Circle the number

13	16	20	13	45
31	32	10	87	10
18	33	31	13	31
77	31	20	14	44

32 32 32

32 32 32

32 32 32 32 32

Thirty two

Color the number

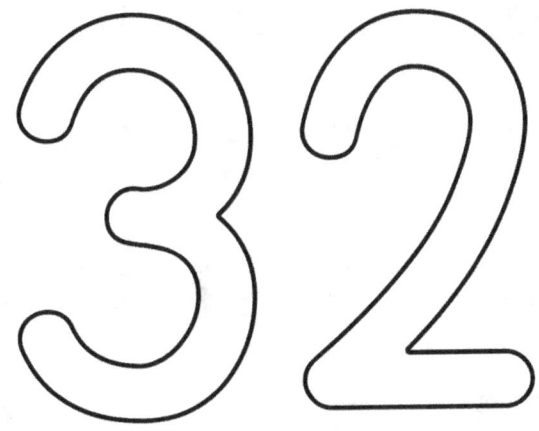

Circle the number

78	16	20	13	18
16	32	10	87	10
18	32	18	82	69
32	18	20	19	32

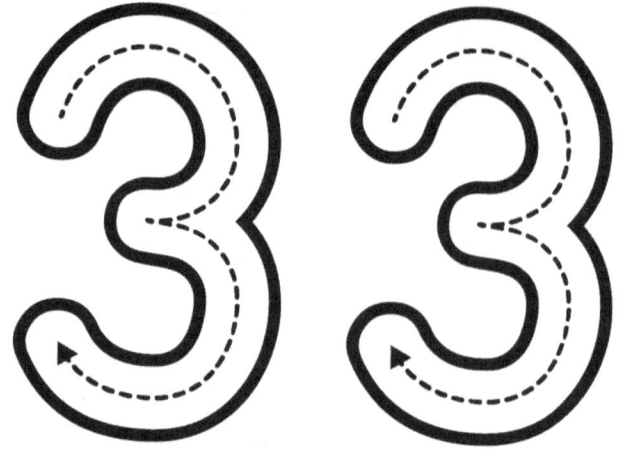

33 33 33

33 33 33

33 33 33 33 33

Thirty three

Color the number

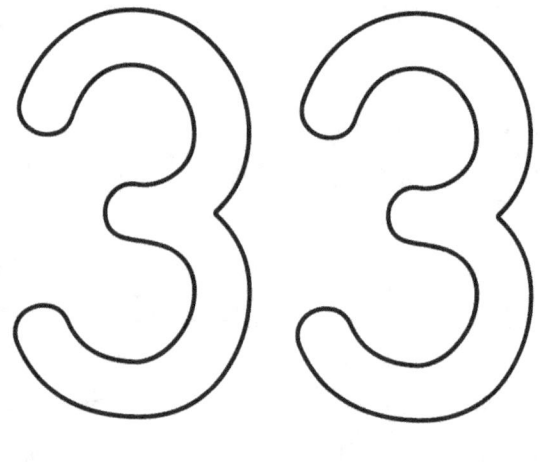

Circle the number

18	16	20	13	33
33	32	10	33	15
18	73	37	82	78
89	18	33	19	14

3 4

3 4 3 4

3 4 3 4

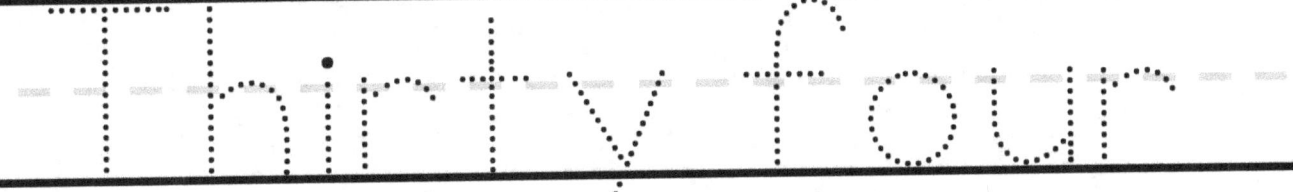

3 4 3 4 3 4 3 4

Thirty four

Color the number

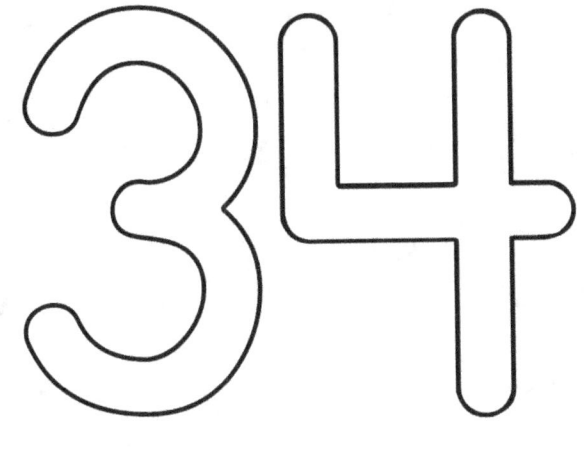

Circle the number

35	16	20	13	41
34	32	10	87	10
18	73	34	15	7
34	18	34	4	90

3 5   3 5   3 5   3 5

Thirty five

Color the number

Circle the number

68	16	20	13	18
32	35	11	17	73
35	73	45	35	13
79	71	21	41	35

36 36 36

36 36 36

36 36 36 36 36

Thirty six

Color the number

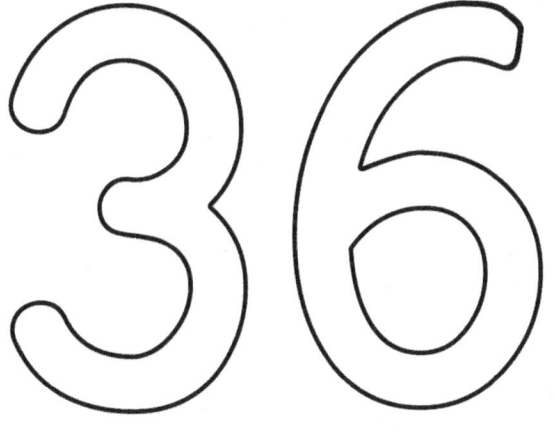

Circle the number

36	16	20	13	18
16	32	10	36	13
36	73	36	18	19
12	36	20	19	36

3 7 3 7 3 7

3 7 3 7 3 7

3 7 3 7 3 7 3 7

Thirty seven

Color the number

Circle the number

37	16	20	13	37
37	32	10	37	10
19	37	18	19	14
25	18	20	19	37

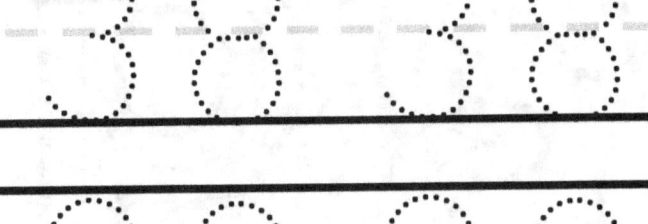

3 8 3 8 3 8 3 8

Thirty eight

Color the number

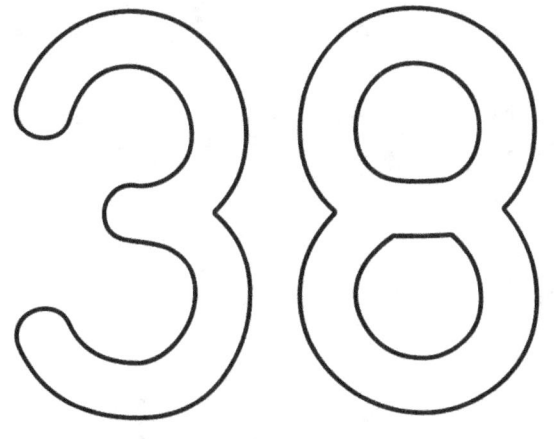

Circle the number

38	16	20	13	38
13	32	12	65	33
19	73	11	82	69
38	18	21	89	77

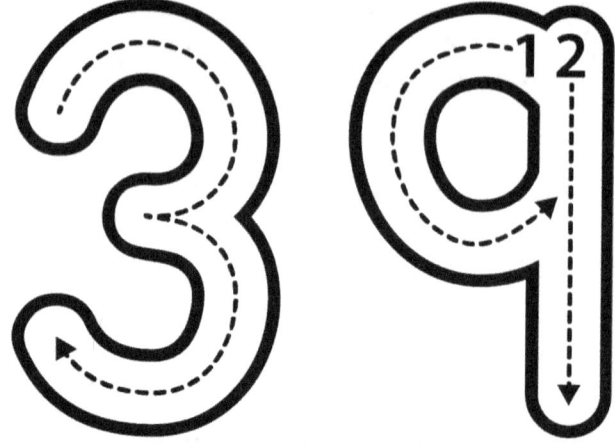

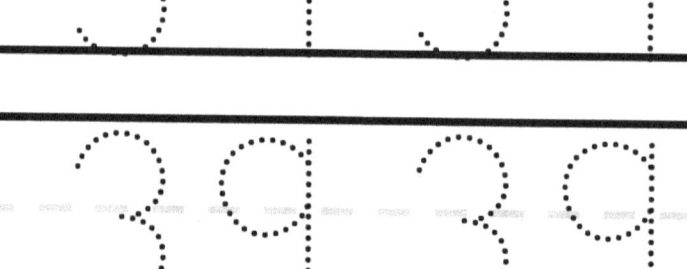

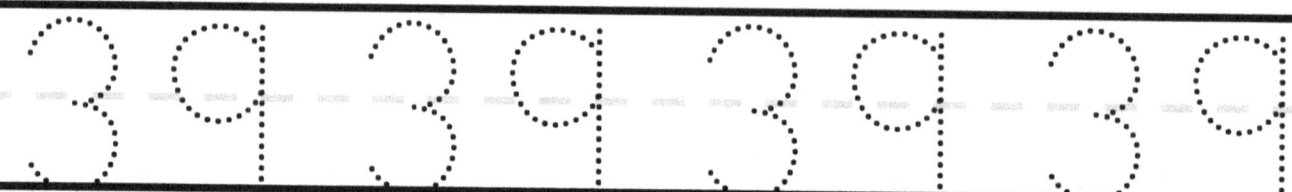

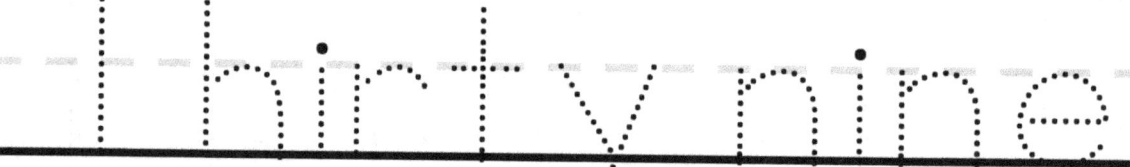

Thirty nine

Color the number

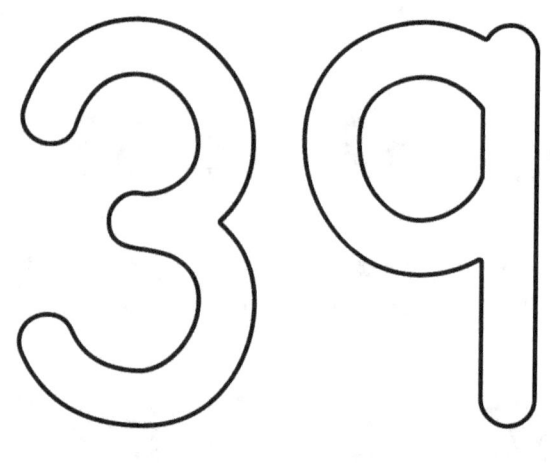

Circle the number

39	16	20	55	16
39	32	78	87	17
30	73	39	18	11
29	18	39	41	34

Trace The number

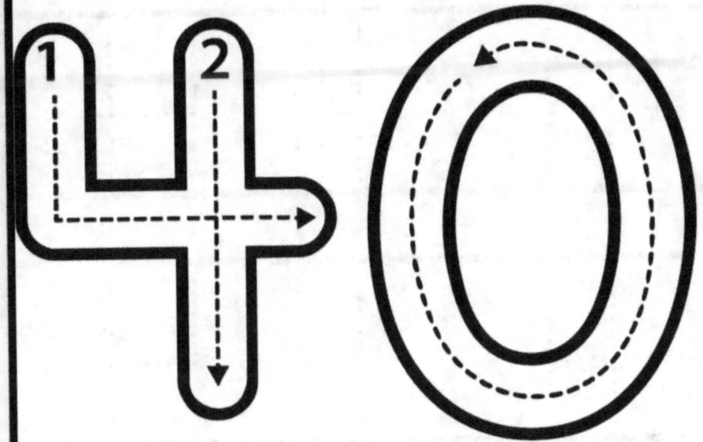

40 40

40 40

40 40 40 40

Forty

Color the number

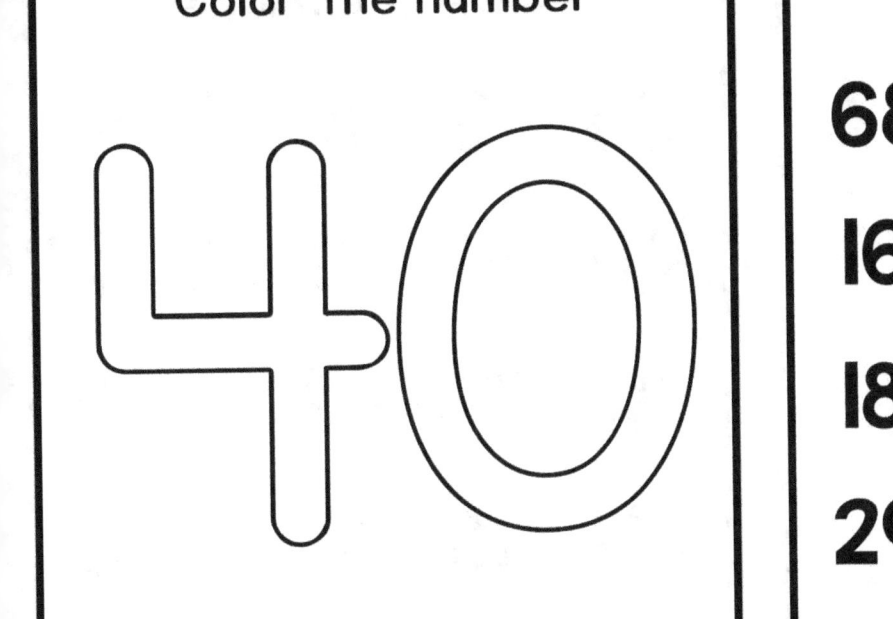

Circle the number

68	16	20	13	18
16	32	10	87	10
18	73	18	82	69
29	18	20	19	99

Trace The number

41 41 41

41 41 41

41 41 41 41 41 41

Forty one

Color the number

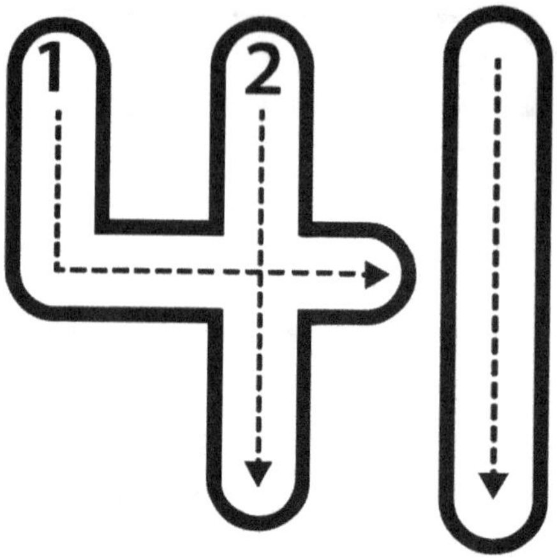

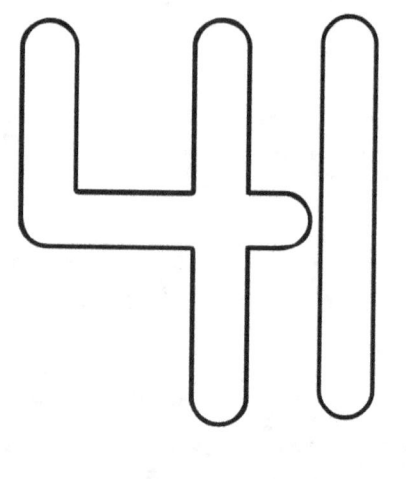

Circle the number

68	16	41	13	41
46	32	10	87	43
41	73	53	82	41
85	18	41	17	11

4 2 4 2
4 2 4 2

4 2 4 2 4 2 4 2

Forty two

Color the number

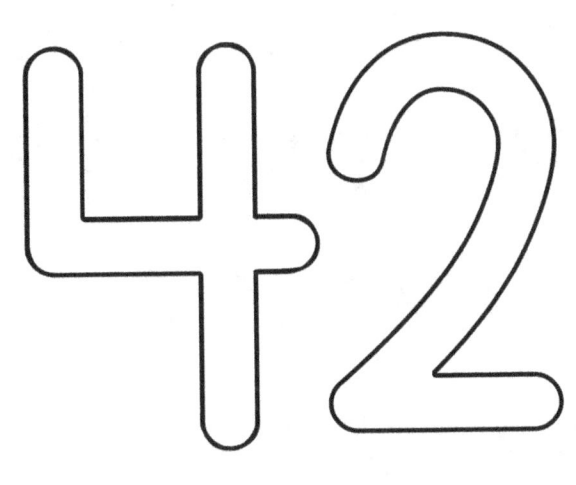

Circle the number

42 23 55 42 99

51 42 56 45 12

17 42 22 82 15

42 72 53 71 40

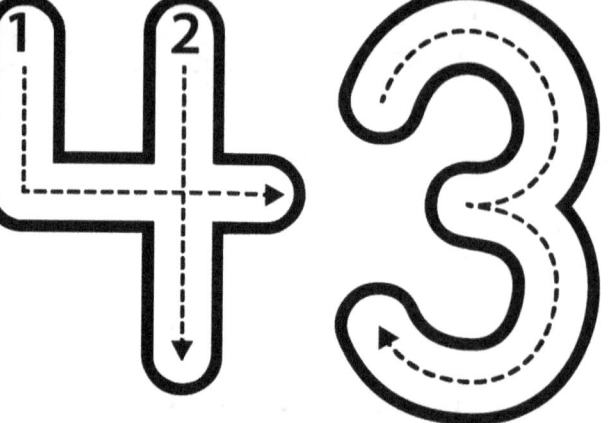 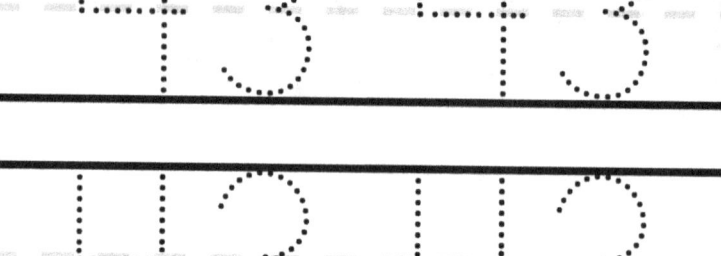

Color the number

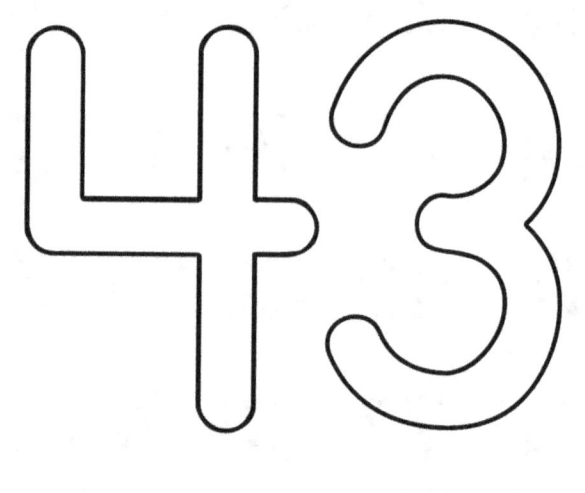

Circle the number

19	23	55	43	99
51	43	56	45	43
11	99	22	82	15
42	72	43	71	43

Trace The number

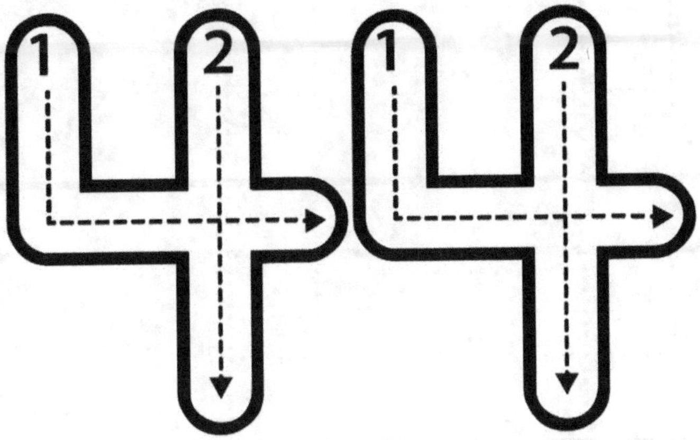

44 44

44 44

44 44 44 44

forty four

Color the number

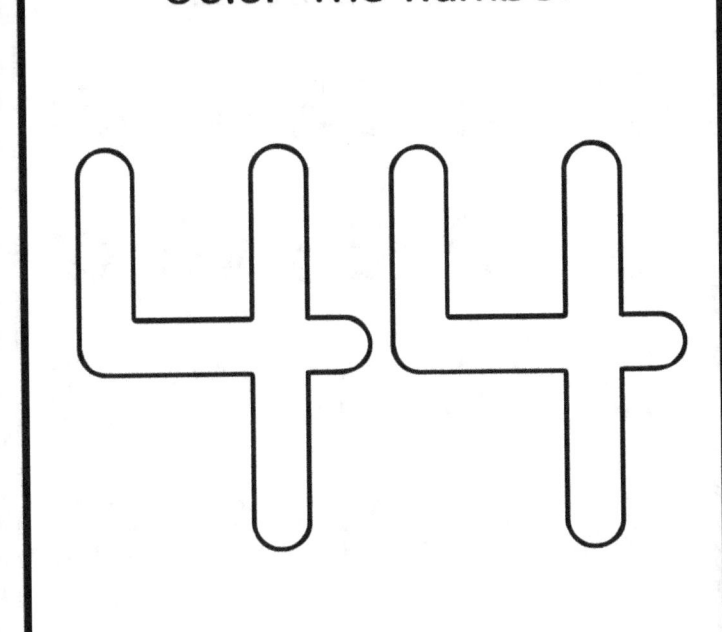

Circle the number

17	23	55	44	90
51	44	56	45	44
32	99	22	82	15
44	72	44	71	40

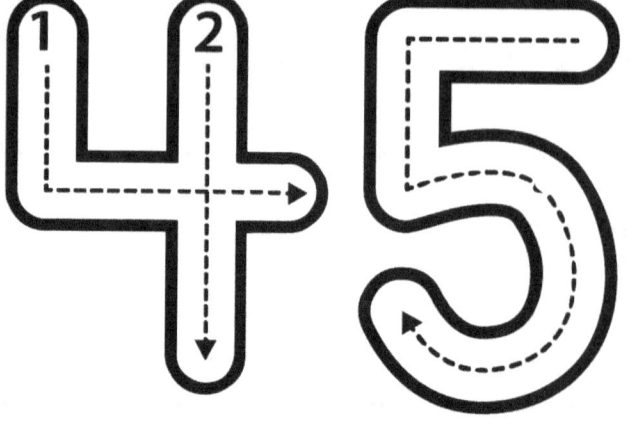

45 45
45 45
45 45 45 45

Forty five

Color the number

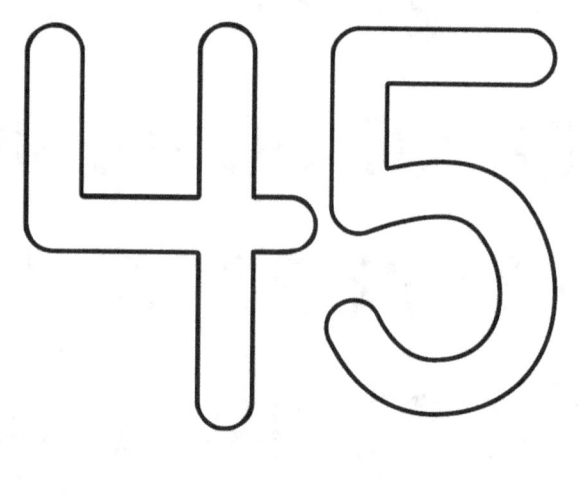

Circle the number

45 13 55 42 99

51 57 56 45 12

17 45 31 42 45

42 45 53 71 55

4 6 4 6
4 6 4 6

4 6 4 6 4 6

Forty six

Color the number

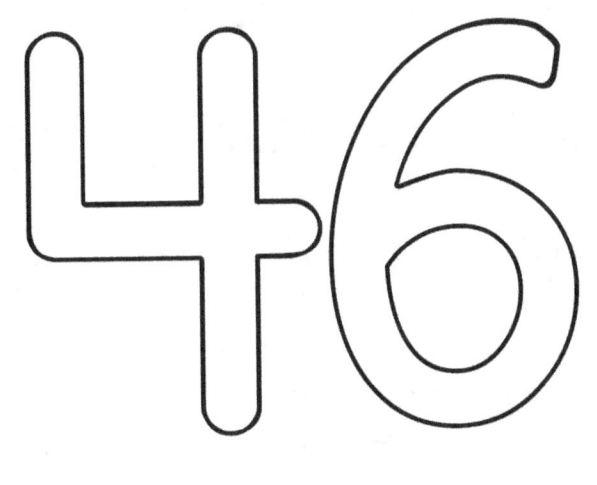

Circle the number

46   23   55   42   46

51   46   56   46   12

46   99   22   82   15

42   46   53   71   40

4 7

Forty seven

Color the number

Circle the number

74 47 55 42 47

47 19 56 47 10

17 20 22 82 61

42 72 23 71 97

Trace The number

48

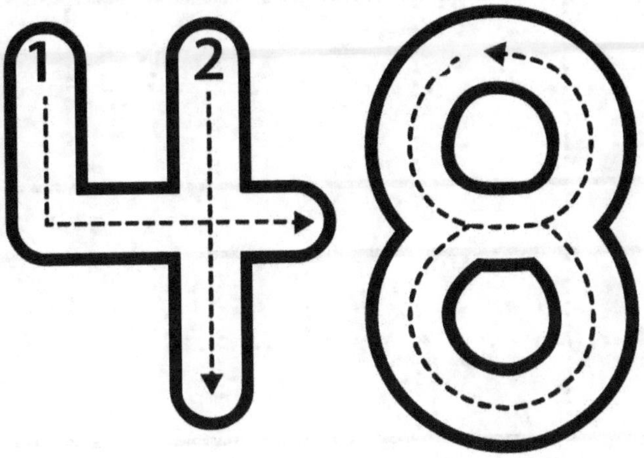

48 48

48 48

48 48 48 48

Forty eight

Color the number

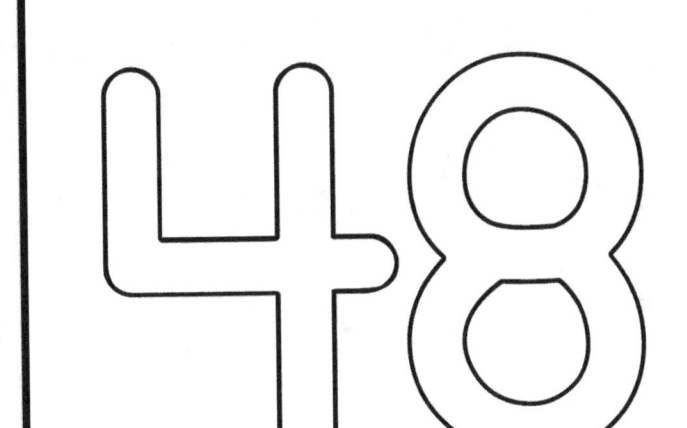

Circle the number

48	23	55	42	99
51	99	48	45	12
17	48	22	82	15
42	72	53	71	48

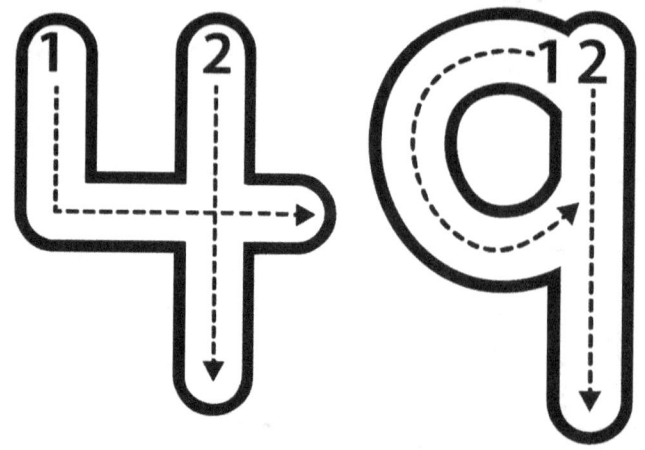

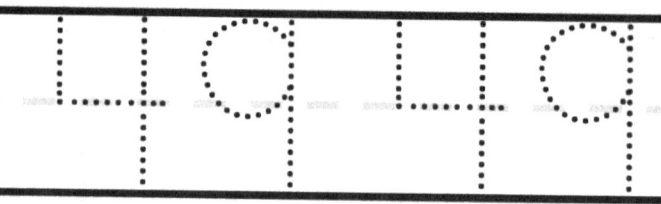

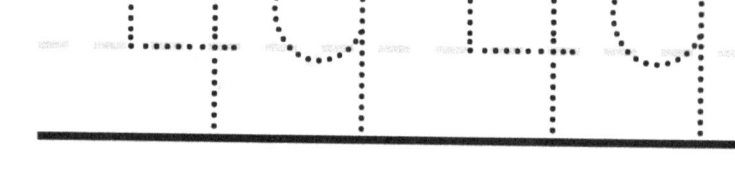

Forty nine

Color the number

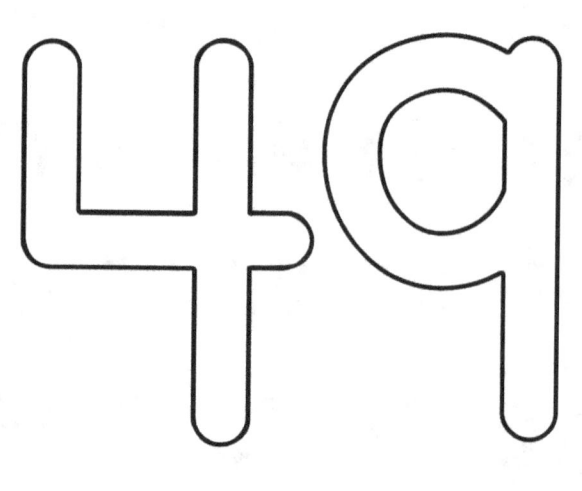

Circle the number

87 49 55 42 23

49 51 56 49 11

18 82 21 82 15

42 15 82 61 49

50 50 50 50 50

50 50 50 50 50 50

Fifty

Color the number

50

Circle the number

52 23 55 42 50

51 83 50 45 12

50 73 22 82 15

42 12 50 71 40

51

Fifty one

Color the number

51

Circle the number

67	23	55	42	99
51	11	51	45	12
35	51	22	82	15
44	72	51	71	40

52 52 52

52 52

52 52 52 52

Fifty two

Color the number

52

Circle the number

12	23	55	42	78
51	52	56	45	12
52	33	22	52	17
42	8	27	2	33

53 53 53

53 53

53 53 53 53

Fifty three

Color the number

53

Circle the number

58 53 55 42 70

68 37 56 55 53

80 18 53 82 15

53 72 53 55 1

5 4

54 54
54 54
54 54 54 54

Fifty four

Color the number

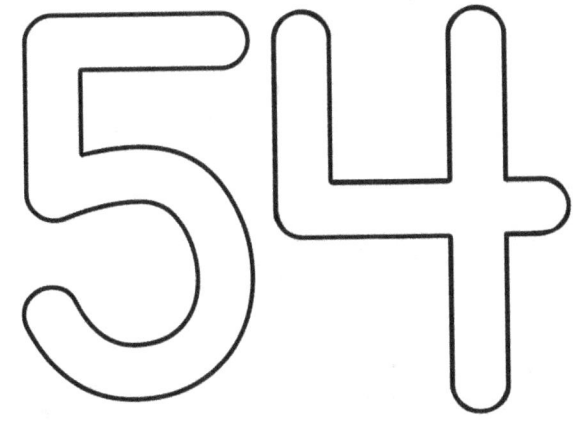

Circle the number

54 23 55 42 31

51 37 54 80 12

32 54 22 82 54

42 72 54 71 40

55 55 55 55

55 55 55

55 55 55 55 55

Fifty five

Color the number

55

Circle the number

90	56	55	42	99
51	77	55	45	12
15	55	22	55	15
42	55	53	71	40

Trace The number

56 56

56 56

56 56 56 56

Fifty six

Color the number

56

Circle the number

65 56 55 42 56

56 37 56 45 57

94 56 22 56 15

42 66 53 71 40

57

57 57 57

57 57

5 7 5 7 5 7

Fifty seven

Color the number

57

Circle the number

57	23	55	42	57
51	55	56	45	12
85	57	22	57	15
27	72	53	61	32

58 58 58

58 58 58

58 58 58 58

Fifty eight

Color the number

58

Circle the number

29 23 58 42 58

51 38 56 45 12

96 58 58 82 15

42 72 53 71 58

5 9 1 2

5 9 5 9

5 9 5 9

5 9 5 9 5 9 5 9

Fifty nine

Color the number

5 9

Circle the number

59	23	55	42	9
59	99	56	59	12
63	43	22	0	15
30	59	53	2	40

Trace The number

60

60 60 60 60

60 60 60 60

60 60 60 60 60 60

Sixty

Color the number

60

Circle the number

60 23 55 42 99

51 16 56 45 12

60 14 79 21 60

72 62 53 71 60

6 1

6 1 6 1 6

6 1 6 1 6

6 1 6 1 6 1 6 1 6

Sixty one

Color the number

6 1

Circle the number

61   23   55   42   61

15   28   56   45   12

18   53   22   82   61

61   72   53   71   40

62 62 62
62 62 62

62 62 62 62 62 62

Sixty two

Color the number

62

Circle the number

99 62 55 42 62
51 16 56 45 12
39 62 62 82 15
62 72 2 26 62

63 63 63 63

63 63 63 63

63 63 63 63

Sixty three

Color the number

63

Circle the number

19	63	55	42	63
36	36	46	16	12
63	71	23	82	15
74	63	53	71	70

Color the number

6 4

Circle the number

64 23 17 22 10

51 80 64 11 64

14 64 22 82 15

42 72 64 71 40

65

6 5 6 5

6 5 6 5

6 5 6 5 6 5 6 5

Sixty five

Color the number

65

Circle the number

65	23	55	15	14
51	65	65	45	65
11	12	13	80	15
70	17	65	71	40

Trace The number

66

6 6

6 6 6 6

6 6 6 6

6 6 6 6 6 6 6 6

Sixty six

Color the number

66

Circle the number

84 23 66 42 17

51 66 56 51 78

60 6 66 18 15

42 72 21 71 53

67

6 7 6 7 6 7 6 7

6 7 6 7 6 7 6 7

6 7 6 7 6 7 6 7 6 7

Sixty seven

Color the number

67

Circle the number

67	67	32	14	79
51	14	56	45	67
17	12	67	82	15
67	23	53	71	60

68

6 8

68 68 68 68

68 68 68 68

68 68 68 68

Sixty eight

Color the number

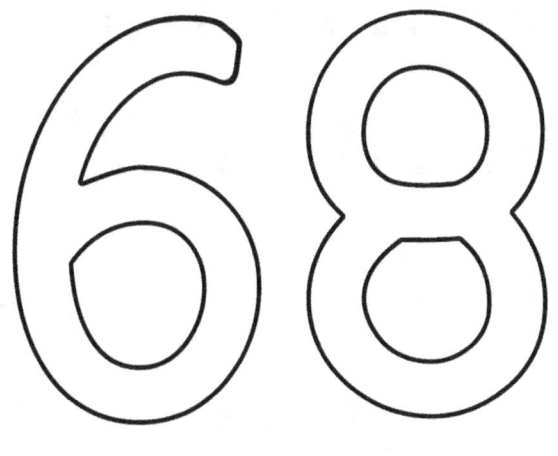

Circle the number

68	23	75	12	68
51	23	56	68	12
17	90	22	82	15
42	16	29	71	40

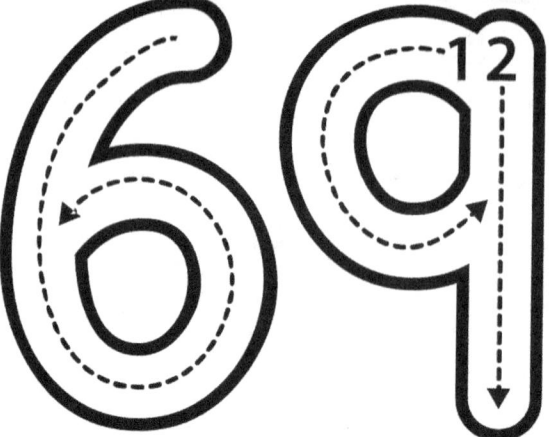

Sixty nine

Color the number

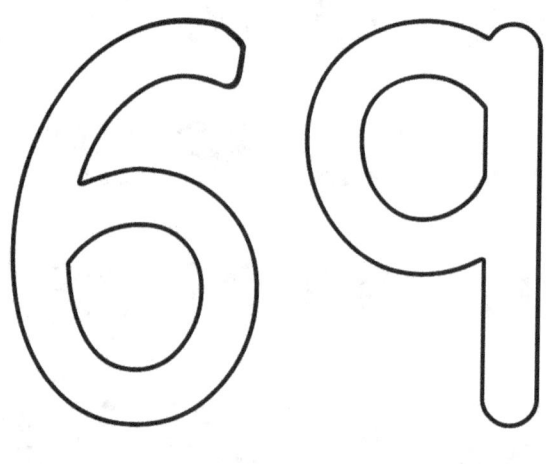

Circle the number

96   23   55   14   30

69   78   56   69   31

44   62   22   79   15

42   21   69   71   40

70 70 70 70

70 70 70

70 70 70 70 70 70

Seventy

Color the number

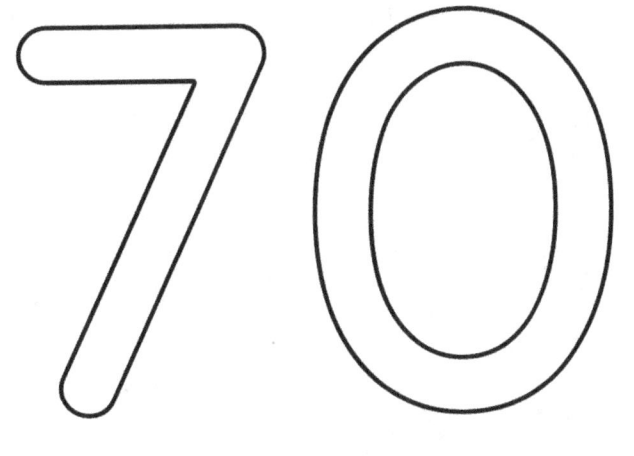

Circle the number

10	23	70	42	70
51	24	56	45	12
70	41	70	82	15
27	72	53	71	32

71

Seventy one

Color the number

71

Circle the number

71	23	55	72	3
51	71	56	45	17
17	17	6	82	5
56	72	56	71	4

72

72 72 72

72 72 72

72 72 72 72 72

Seventy two

Color the number

72

Circle the number

72 23 55 42 8

5 72 56 45 72

0 99 72 82 15

6 72 53 71 72

73 73 73 73

73 73 73

73 73 73 73 73 73

Seventy three

Color the number

73

Circle the number

73 23 36 8 qq

5I 68 73 45 47

I7 77 22 82 7q

73 72 73 7I 0

74

71 74 74
71 74 74

74 74 74 74 74 74

Seventy four

Color the number

74

Circle the number

20 23 55 42 99

5 74 20 45 74

35 60 74 82 15

74 72 10 71 40

75

7575 7575

7575 7575

7575 7575 7575 7575

Seventy five

Color the number

75

Circle the number

75	23	55	42	75
51	99	56	75	12
17	75	22	82	15
42	72	53	71	40

76

76 76 76
76 76

76 76 76
76 76

76 76 76 76 76 76

Seventy six

Color the number

76

Circle the number

42 23 55 76   6

51 76 56 45   0

12   6 21 82   7

32 72 76 71   8

77 77 77 77 77 77

77 77 77 77 77

77 77 77 77 77 77 77

Seventy seven

Color the number

77

Circle the number

73 23 55 77 70

51 77 56 45 23

82 7 22 77 3

42 72 77 71 31

Trace The number

78

78   78   78

78   78   78

78   78   78   78

Seventy eight

Color the number

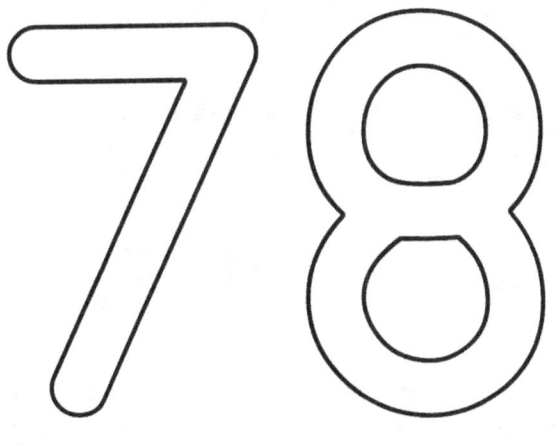

Circle the number

78   23   15   42   9

51   19   56   45   12

78   2   20   8   78

37   72   78   71   40

7 9   7 9   7 9

7 9   7 9   7 9

7 9   7 9   7 9   7 9

Seventy nine

Color the number

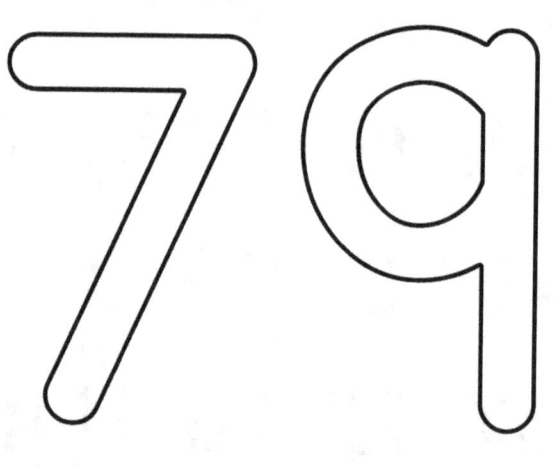

Circle the number

73	23	79	11	30
52	0	56	61	22
79	9	79	82	15
42	79	53	71	40

80

80   80

80   80

80   80   80   80

Eighty

Color the number

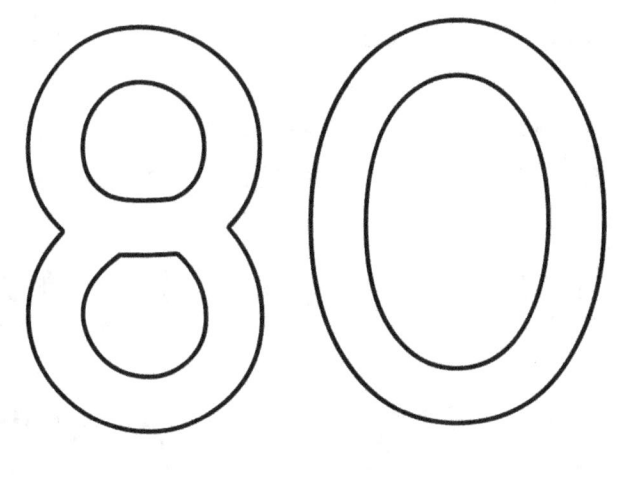

Circle the number

31	23	80	11	80
51	80	56	45	12
17	7	78	82	15
28	5	53	6	72

8 1

8 1 8 1 8 1

8 1 8 1 8 1

8 1 8 1 8 1 8 1 8 1 8 1

Eighty one

Color the number

Circle the number

81 23 55 81 90

59 18 56 45 12

76 96 81 82 15

81 72 53 71 40

 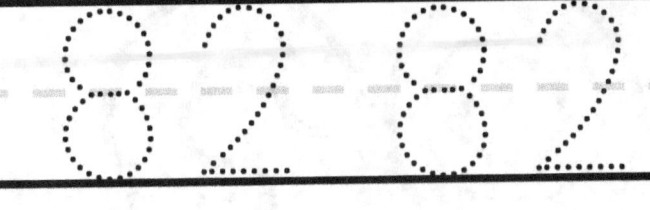

8 2 8 2 8 2 8 2

Eighty two

Color the number

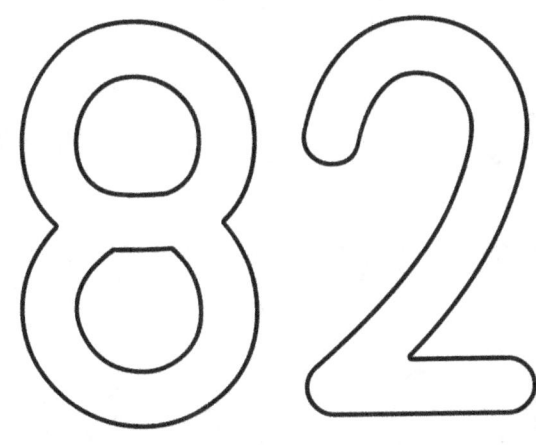

Circle the number

82 23 55 82 79

52 94 82 45 12

76 0 22 82 15

28 7 53 82 5

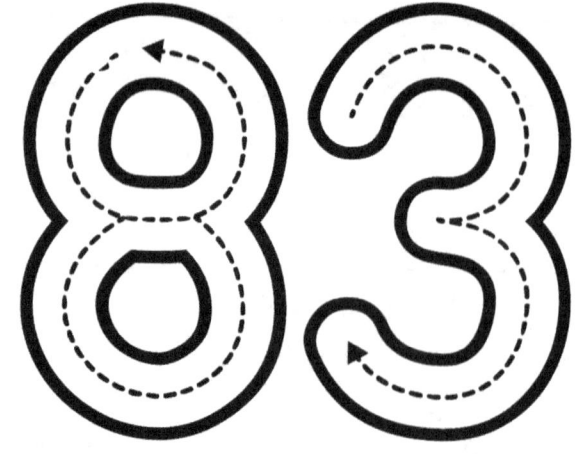
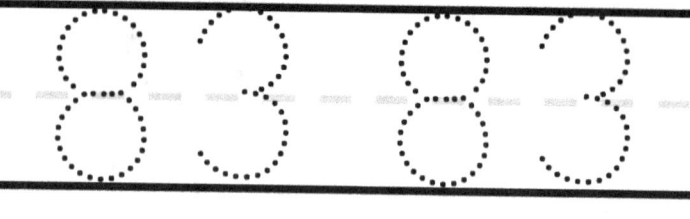
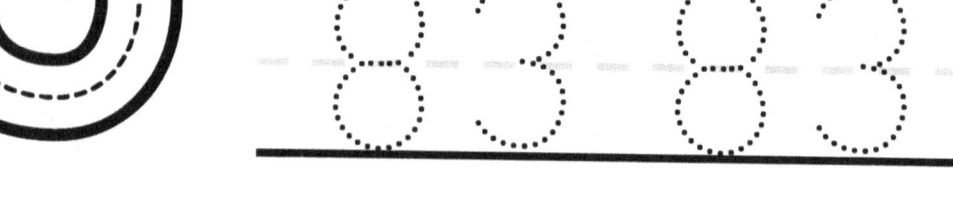
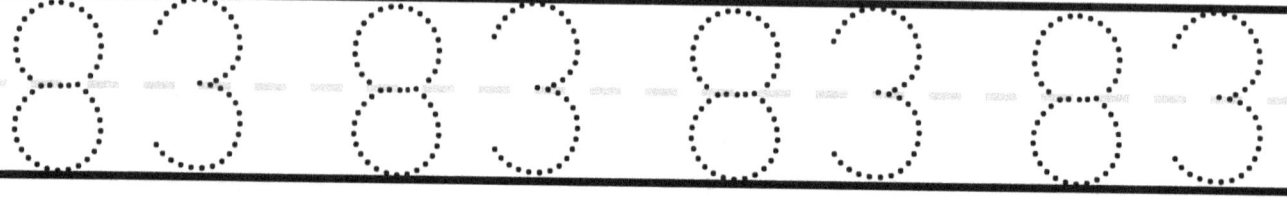

Eighty three

Color the number

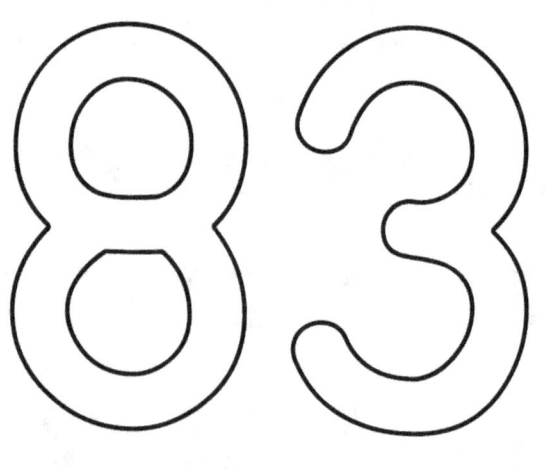

Circle the number

7   23 71 5 83

83 15 83 45 12

17 76 7 82 15

42 72 53 71 40

Trace The number

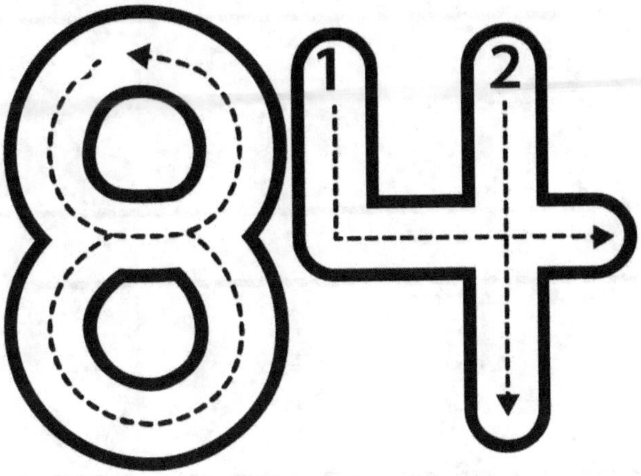

84 84

84 84

84 84 84 84

Eighty four

Color the number

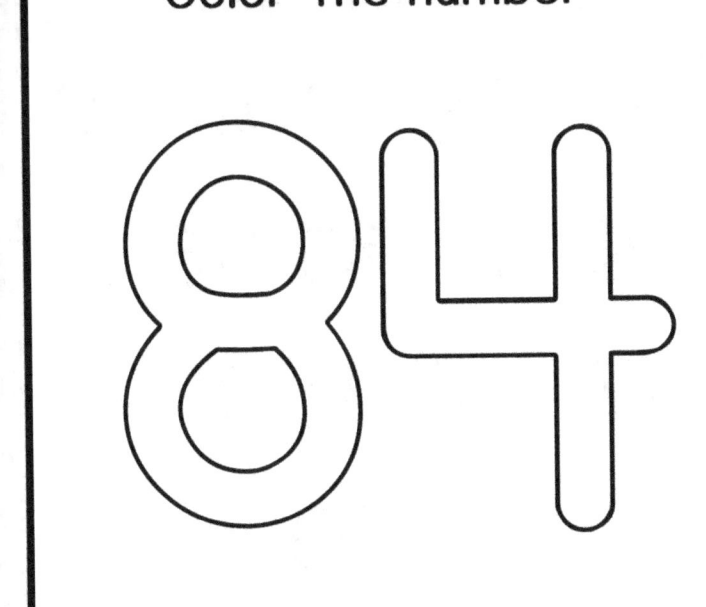

Circle the number

82	23	55	42	84
7	84	61	5	12
28	74	84	82	5
84	72	53	71	82

85 85
85 85
85 85 85 85

Eighty-five

Color the number

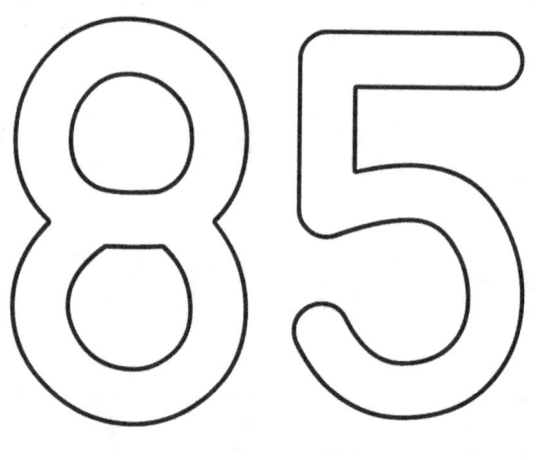

Circle the number

5 55 87 42 85

85 19 85 45 13

17 42 85 82 7

8 72 53 71 77

86 86 86 86

86 86 86 86

86 86 86 86 86

Eighty six

Color the number

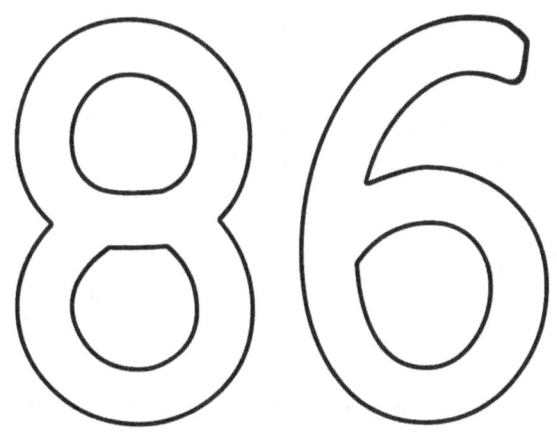

Circle the number

73 23 86 42 99

87 6 66 86 4

17 86 22 82 7

86 72 53 7 23

8 7 8 7 8 7

8 7 8 7 8 7

8 7 8 7 8 7 8 7

Eighty seven

Color the number

Circle the number

87 23 55 87 72

79 87 56 46 12

78 77 22 82 18

41 72 87 71 40

88 88 88 88

88 88 88 88

88 88 88 88 88 88

Eighty eight

Color the number

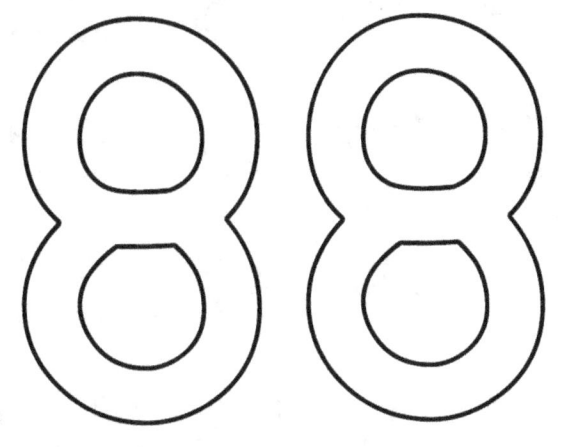

Circle the number

99	88	55	88	3
7	76	5	7	12
17	88	73	88	15
21	72	53	71	34

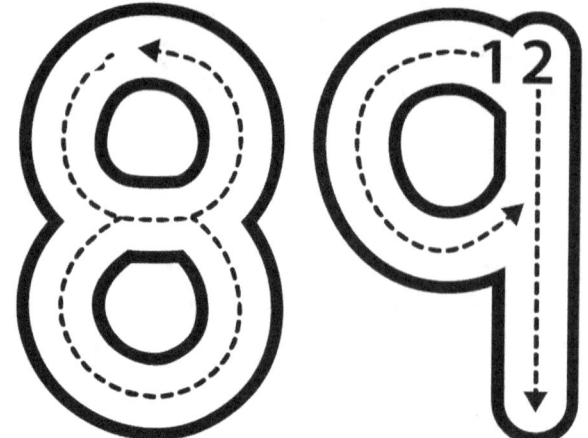
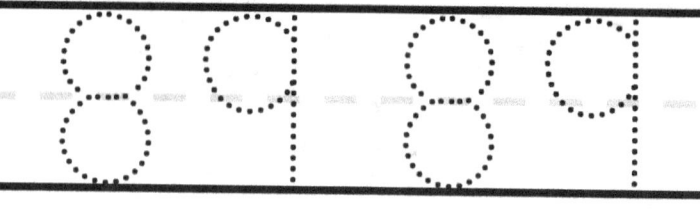

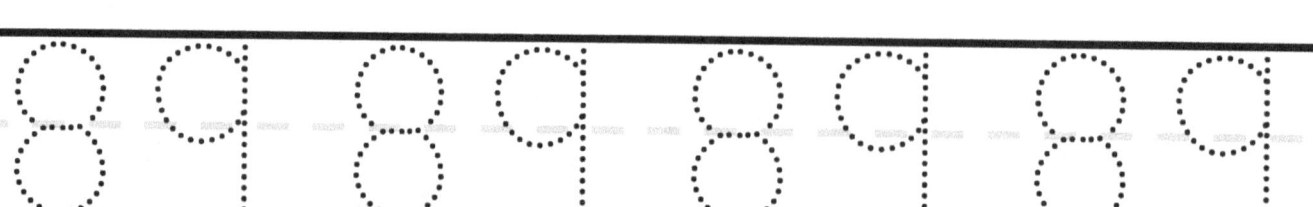

Eighty nine

Color the number

Circle the number

99 89 55 42 89

51 99 56 45 12

88 99 89 82 15

42 72 53 71 89

90 90 90 90 90

90 90 90 90

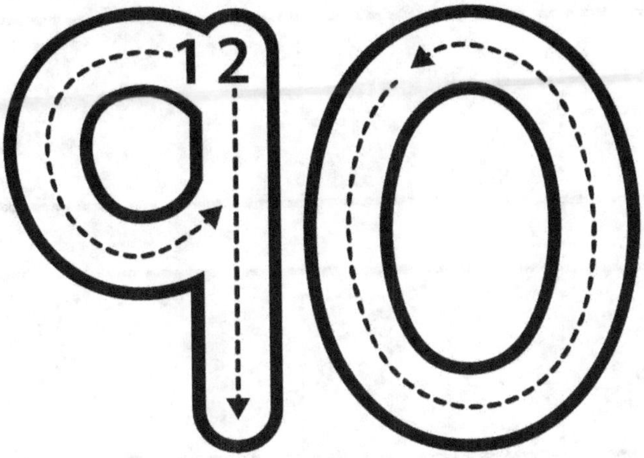

90 90 90 90 90 90

Ninety

Color the number

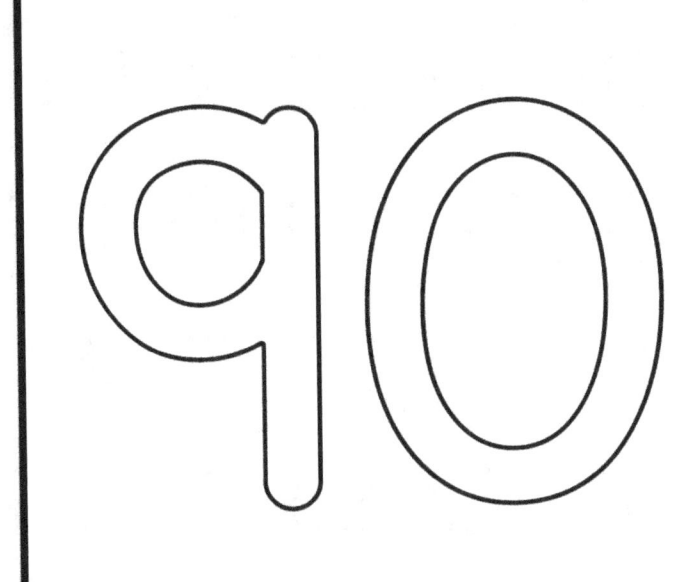

90

Circle the number

17	90	55	42	43
51	7	56	90	12
17	5	90	82	15
42	72	53	71	0

Trace The number 91

91

91 91 91

91 91 91

91 91 91 91 91 91

Ninety one

Color the number

91

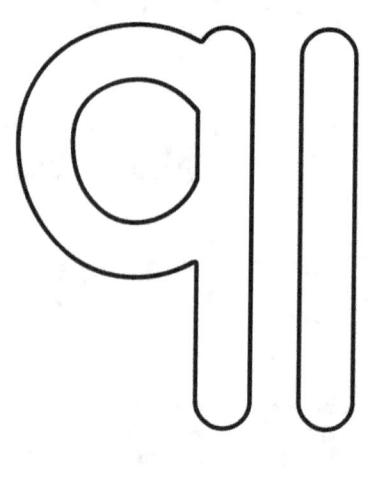

Circle the number

38	23	55	91	99
5	91	56	45	12
17	91	22	91	15
18	72	53	4	32

q2 q2 q2

q2 q2 q2

q2 q2 q2 q2

Ninety two

Color the number

Circle the number

73 92 55 42 92

8 72 92 53 41

74 41 22 88 15

42 72 92 71 40

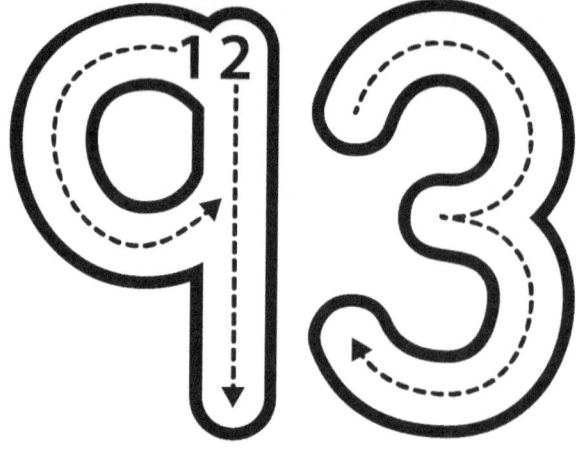

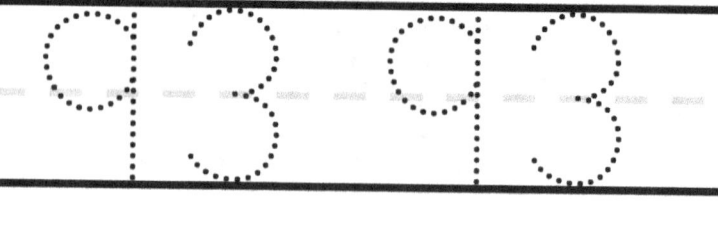

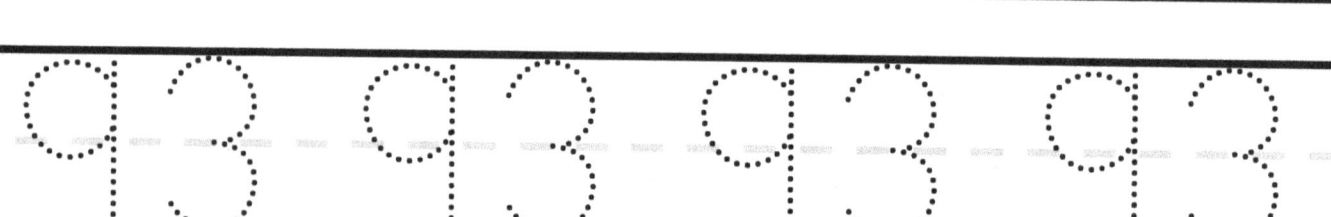

Ninety three

Color the number

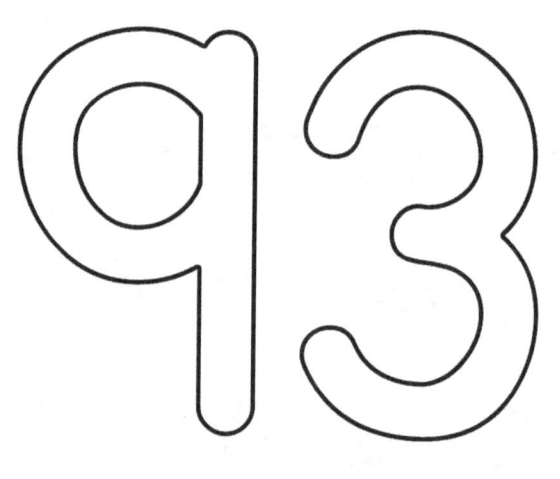

Circle the number

100 93 55 42 67

51 58 68 69 12

47 93 22 82 15

46 72 93 71 93

Trace The number

94 94   94 94

94 94   94 94

94 94   94 94   94 94

Ninety four

Color the number

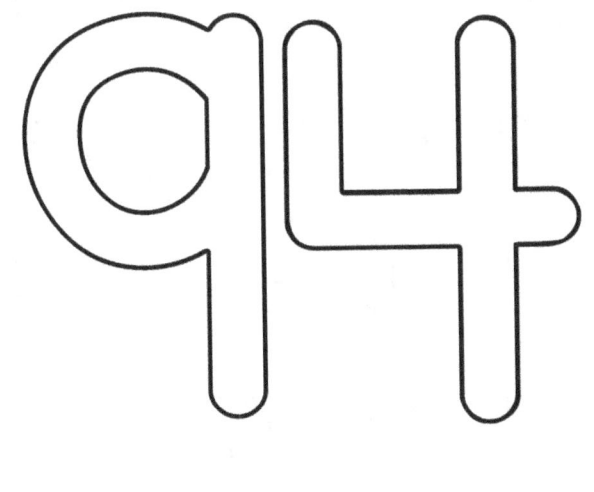

Circle the number

94 23 15 12 72

51 33 77 47 12

17 94 94 82 15

42 72 53 71 94

95 95 95

95 95 95

95 95 95 95

Ninety five

Color the number

Circle the number

95 23 78 81 91

72 15 95 45 12

78 95 22 82 91

82 72 95 71 40

96

96 96 96
96 96

96 96 96 96 96 96

Ninety six

Color the number

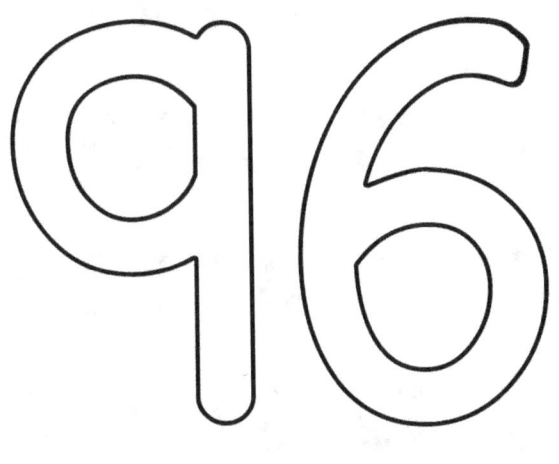

Circle the number

70 96 42 43 77

15 99 56 96 12

12 54 96 82 18

96 72 73 71 12

q 7 q 7 q 7

q 7 q 7 q 7

q 7 q 7 q 7 q 7 q 7

Ninety seven

Color the number

Circle the number

q7	23	55	42	qq
5l	7l	5	55	4
l7	2	32	82	5
q7	72	53	7l	q7

98

98 98 98 98

98 98 98 98

98 98 98 98 98 98

Ninety eight

Color the number

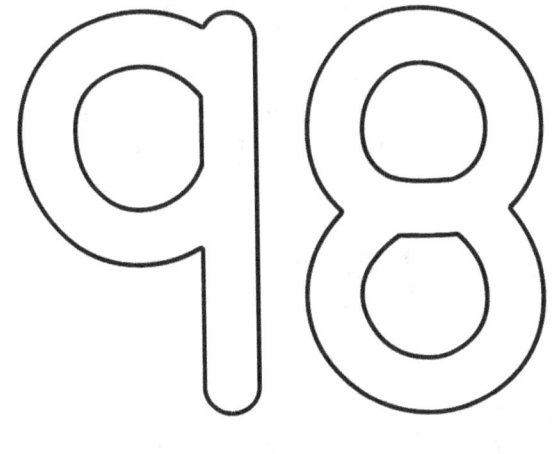

Circle the number

89 23 98 42 32

98 14 56 38 12

17 73 98 82 19

98 72 53 61 72

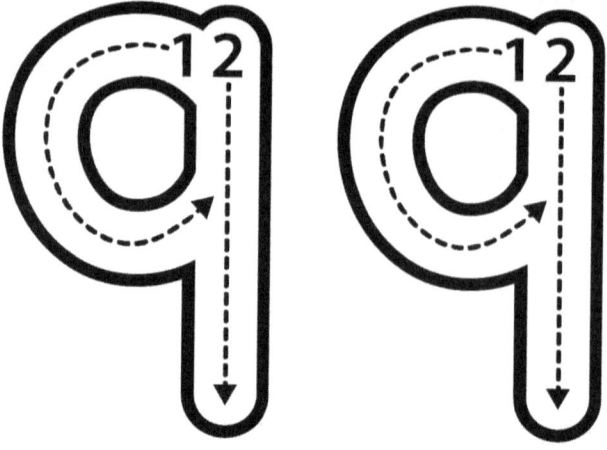

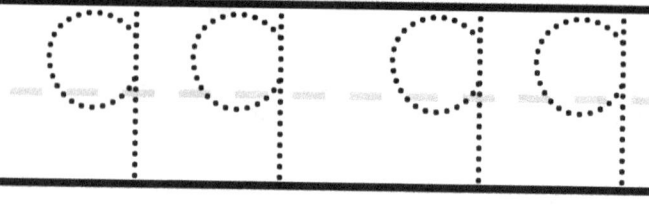

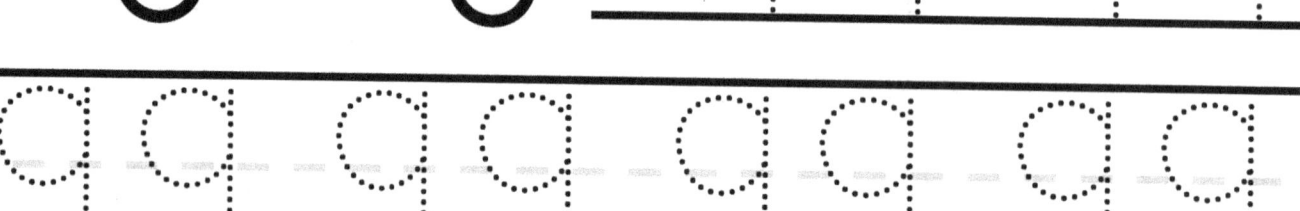

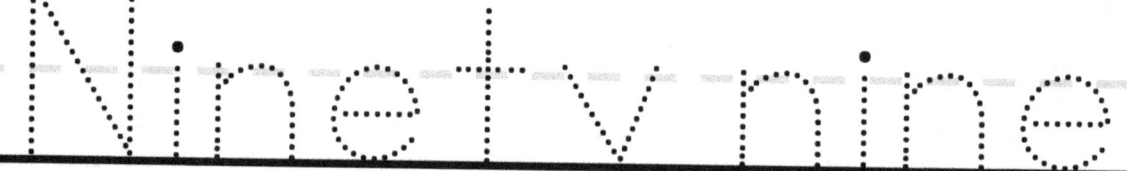

Ninety nine

Color the number

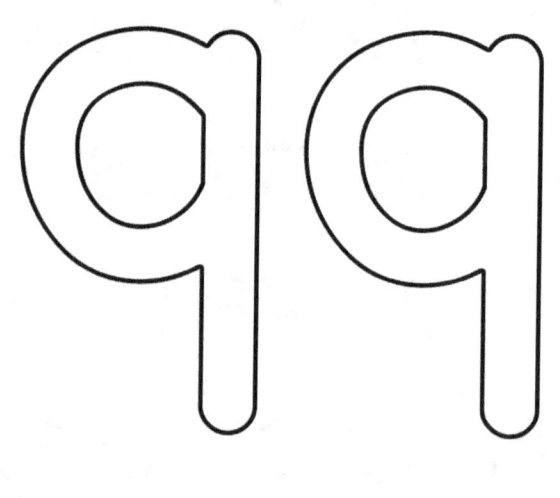

Circle the number

99	23	55	42	99
51	99	56	45	12
17	99	22	82	15
42	72	53	71	40

Trace The number

100

100 100

100 100

100 100 100 100

One hundred

Color the number

100

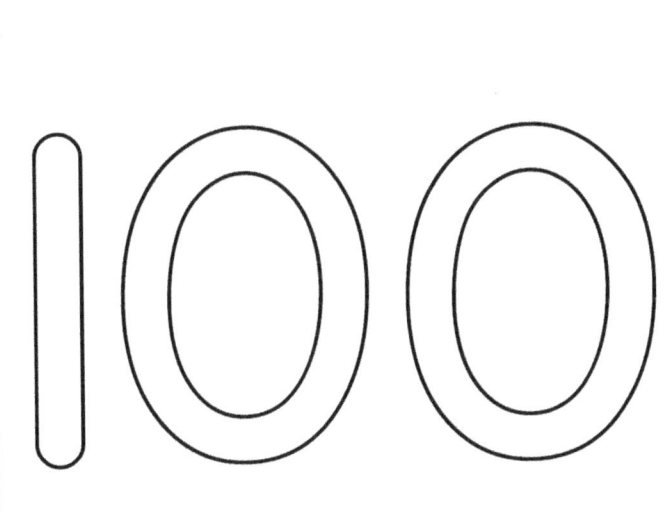

Circle the number

68	74	100	13	18
100	32	90	89	80
90	48	19	100	6
37	19	100	72	8

www.ingramcontent.com/pod-product-compliance
Lightning Source LLC
Chambersburg PA
CBHW080847120626

46553CB00009B/2606